DIEU EST ÉLECTRIQUE, DIEU EST MAGNÉTIQUE, DIEU EST +VE, DIEU EST -VE.

Une théorie scientifique.

Sheila Ber.

Dieu : Qui êtes-vous vraiment ? Où es-tu?
Dieu : Vous êtes parmi nous, ou êtes-vous des nôtres?

Voici les questions que nous posons souvent.

Dieu est invisible. La présence invisible de Dieu
est suprêmement puissant.
Nous nous demandons aussi si Dieu est vraiment très
puissant et comment ?

Dieu peut identifier avec notre souffrance ou résoudre nos
problèmes ?

Nous nous sentons tous chaque maintenant et puis, que
nous sommes mouillés dans une situation que nous n'avons
absolument aucun contrôle et une puissante force
inexplicable est au travail.
Cette force invisible peut avoir de nombreux effets différents
sur nous tous. Ces effets peuvent être soit positives, négatives,
neutre, miraculeuse ou désastreux, tous à des degrés divers.

Comment peut-on si puissant une force invisible ?

Examinons ce pieux forcer d'un scientifique et plus
point de vue réaliste.

Les principales forces cosmiques de la nature dans notre
univers sont :
1. Force de gravité,
2. Électromagnétique,
3. Électrostatique,
4. Faibles nucléaires
5. Strong nucléaire.

Ces forces sont invisibles et ont le nec plus ultra
le contrôle de tous les organismes, microorganismes,
plantes et objets sur la planète, ou sur n'importe quelle
planète au sein de l'univers.

Il n'est pas une coïncidence que les astrologues ont été étudier les planètes cosmiques et les mouvements des étoiles, et leur effet sur notre planète, des milliers d'années.

Astrologues tient très à cœur l'en cours l'influence cosmique sur le notre planète.

Au fil du temps une quantité considérable de preuves a été accumulée, ce qui suggère que ce phénomène est réel.

Ma théorie reflète la croyance que Dieu est soit cosmique, terrestre, ou les deux.
Si Dieu est cosmique, je vois Dieu donc, pour représenter toutes les entités cosmiques, l'une des forces de la nature, ou peut-être que Dieu est la somme de toutes les entités cosmiques et le forces. Je m'intéresse particulièrement à la puissance de la force bien familier : **la force électromagnétique.**

La force électromagnétique est magique et puissant,
et il peut avoir des variations de sa puissance et sa force.

Pourquoi et comment Dieu représente la force électromagnétique ?

Je crois que Dieu n'est pas seulement cosmique, mais
qu'il est parmi nous, et réside aussi en chacun de nous
des êtres terrestres.
La force électromagnétique cosmique est reliée
à tous les champs électromagnétiques qui entourent les
humains, animaux, micro-organismes, plantes, ainsi
que tous les objets au sein de l'univers.

C'est pourquoi Dieu est la force qui respire l' **énergie**
électromagnétique qui connecte à tous les domaines
de l'énergie de chaque organe, plante, ou objet sur
cette planète, au sein de l'univers.

L'intensité et la force de chaque électromagnétique
champ est relative, que ce soit cosmique ou terrestre.

Si la présence de Dieu est partout, c'est parce que
la force électromagnétique se trouve partout.

En outre, si cette force connecte tous les êtres,
dans l'univers, c'est pourquoi Dieu, qui représente
la force, serait sans aucun doute, être accessible à chacun
d'entre nous, que nous soyons croyants ou non-croyants.

DESTIN ou LA FOI

Les humains ont appris au fil du temps, qu'ils
n'ont aucun un contrôle complet sur leur foi ou
leur destin.

Pourquoi ?

La réponse est : tous les organes, les plantes, les micro-
organismes, et les objets sur la planète, sont
contrôlées ou influencées à une grande partie par
les forces cosmiques.
Planètes et étoiles de notre galaxie, exercent également
leur influence sur tout ce qui existe dans l'univers, si
Il est cosmique ou terrestre.

Tout être manoeuvre propre chemin dans un autre
et de façon particulière, selon leur composition chimique,
et aussi l'énergie électromagnétique de force variable,
que chacun possède. Toutes ces valeurs sont combinées
avec le influence de la force électromagnétique
cosmique et le degré d'interaction avec lui.

Foi est déterminée, non seulement par chacun des
maquillage électrochimique de son corps, mais aussi
par leur prise de décision personnelle personnelle ou
non et leur vie variée circonstances.

PRIÈRES vs Dieu

La puissance des prières !

Souvent, la question se pose : pourquoi prions-nous ?
Comment fait une prière nous aider ?

Les humains ont généralement un cerveau très développé,
qui est également active et créative, et elle cherche à savoir
et à croire dans une super puissance, ou dans un spirituel
plus élevé étant.
Nous trouvent plus commode de s'appuyer sur et croire en
quelque chose qui est lointain, inaccessible ou invisible.
L'invisible qui est surnaturel, mystique et est d'une
cheftaine.

D'exister, nous devons croire, afin de se sentir en sécurité,
protégé, et à l'abri de nos ennemis, de prédateurs, de nature
dévastations et autres malheurs de la vie.

Différentes cultures ont des systèmes de croyances
différentes.
Ces systèmes ont existé depuis des milliers d'ans.

Le système de croyance est un outil nécessaire
et intégrante pour la survie des humains et l'autre de ses
expressions se fait sortir en faisant des prières.

La raison en est, est que, lorsqu'une personne croit en
quelque chose, il est naturel qu'il ou elle se tournera vers
elle de l'aide, pour comprendre et aussi pour le pardon,
en temps de troubles et en temps de détresse.

Prières de produire automatiquement des sentiments
positifs de l'espoir, le but et l'anticipation pour mieux les
choses à venir. Espoir est aussi le désir de prières
à trancher, et à remplir.

Pourquoi nos prières sont parfois entendus, parfois pas ?

Prières = massages électromagnétiques = électromagnétique signaux de fréquences spécifiques.

Bien que les prières, à travers le monde, sont dirigés vers différents objets pieux ou de spiritueux, collectivement ils sont des signaux électriques simplement converties en ondes électromagnétiques.

Encore une fois, êtres humains, animaux, plantes, microorganismes, plans d'eaux et d'objets, sont tous reliés par l'intermédiaire de champs électromagnétiques.

En outre, chacun est couverte par champ d'énergie électromagnétique propre qui est d'une autre ampleur et force.

Chaque action et la réaction des êtres, est effectivement réalisées, de transmettre et recevoir des signaux électromagnétiques/massages à différentes fréquences et amplitudes.

Les signaux électromagnétiques ou des massages peuvent être verbale ou non verbale et sont adressent généralement à qui nous souhaitons se connecter avec spirituellement.

L'homme conscient et subconscient est influencée par l'énergie électromagnétique, que ce soit cosmique, ou de le corps environnants et/ou des objets. C'est pourquoi, il répond sélective ou non sélective de signaux électromagnétiques.

La réponse de chaque homme individuel conscient /
inconscient à celle des autres prières, s'exprime un peu
de la même façon, mais avec une variance qui est de
caractéristique distinctive à chaque maquillage
électrochimique individuel.

**Prières = transmissions et réceptions d'electric
signaux convertis en électromagnétique vagues,
sur un niveau quantique.**

Quand nous prions, que nous transmettons
électromagnétique des ondes qui sont spécifiques
caractéristiquement à une prière. Ces ondes
sont de certaines fréquences qui se situent dans une
spécifique largeur de bande du spectre électromagnétique.

Les prières sont des signaux/messages uniques qui sont différents en comparaison avec d'autres signaux/messages qui transmettent les humains.

Les messages ont chacun une fréquence spécifique, qui est caractéristique de chaque contenu de message/signaux individuels.

Quand quelqu'un prie, il y a des autres êtres humains qui recevront probablement la transmission de la prière, consciemment ou inconsciemment, près ou de loin.

Ceux qui sont à la réception de la transmission, peut répondre consciemment ou inconsciemment, ou peut ne pas répondre, temps peut-être pour signaler les interférences/s, ou perturbation/s à partir des autres champs électromagnétiques, des relativement plus grande ampleur.

Même si le bénéficiaire n'est peut-être pas entièrement
au courant de quel type de message/s ou les informations
qu'ils reçoivent et qui, sans se soucier, leur conscient ou
inconscient peut répondre automatiquement au signal/s
qu'ils sont réception.

La réponse du destinataire conscient/subconscient,
peut parfois éprouver une réaction retardée et ainsi
ne pas toujours immédiatement ou automatique.

Toutefois, un automatique ou une réponse retardée à
quelqu'un d'autre signal/message, à un niveau conscient
ou inconscient, peut effectivement être une réponse à la
prière de quelqu'un d'autre.
Ces transmissions et réceptions d'électromagnétique
signaux et messages sont à nouveau les ondes
électromagnétiques, qui se produisent à un niveau
quantique de la physique et de chimie.

LE SYSTÈME NERVEUX ET LES SIGNAUX ÉLECTRIQUES

Certaines de nos actions et nos réactions sont conscients, et certains sont effectuées par notre subconscient.

Le système nerveux humain contient environ 100 milliards de cellules nerveuses.

Le système nerveux se compose des systèmes nerveux centrales et périphériques. Les deux systèmes sont étroitement liés.

Informations sur l'environnement sont acquis par le biais de cellules sensorielles qui sont spécialisées pour répondre à un stimulus externe particulière.

La cellule sensorielle génère un <u>signal électrique</u> en réponse au stimulus. L'unité de signalisation base du système nerveux est la cellule nerveuse, ou le neurone, qui vient dans beaucoup de différentes formes, tailles et composition chimique.

Neurones créent et transmettent des signaux électriques.

Informations par l'intermédiaire de signaux électrochimiques sont reçues le dendrites et transmises à travers un axone.

Le signal électrique dans les axones est un changement de tension de brève appelé un potentiel d'action, ou de l'influx nerveux, <u>qui peuvent parcourir de longues distances</u>, parfois à des vitesses élevées, sans changer la taille ou la forme.

Lorsqu'un potentiel d'action arrive à l'extrémité de l'axone, il interagit avec des milliers de cellules voisines à travers des synapses.

Donc évidemment tous les êtres humains sont complexes **structures électrochimiques.**

Système nerveux est un système biologique qui est fait des innombrables d'électrique des particules chargées, au niveau physique et en chimie quantique. Grâce à ces particules chargées, l'organisme est capable de transmettre et de recevoir des informations.

L'esprit **subconscient** est environ 88 % de sa capacité mentale totale. C'est toute l'énergie, et donc il est composé de particules électriques, capables de transmettre et recevoir des signaux électriques ou des massages.

Il y a différents signaux électromagnétiques qui sont des fréquences différentes et donc ont des codes différents. Il est possible pour le bénéficiaire les humains ou les animaux conscient et subconscient, à décoder ces signaux différents.

TÉLÉPATHIE – L'UNIVERSEL SILENCIEUX COMMUNICATION

Télépathie est une forme silencieuse de communication aussi se produisant au niveau quantique.

Chaque atome ou une molécule dans l'univers, émet sa propre fréquence unique, et elle est impliquée dans la communication entre autres atomes ou molécules.

Transmission et réception des fréquences qui sont destinés à des autres êtres humains et/ou les animaux, peut évoquer processus biologiques, chimiques et électriques impulsions. Ces processus de communication se produit à la invisible Sub-atomique niveau, **niveau quantique**.

Tel que discuté précédemment, le cerveau humain peut émettre et recevoir des messages silencieux par champs d'énergie électromagnétique. Les messages sont chacun spécifiques à leur contenu caractéristique.

Dans la télépathie, les messages sont différents en valeur des messages de « prière ». Ces messages sont caractéristiquement dans autre largeur de bande spécifique sur le spectre électromagnétique.

Messages associés à la télépathie, peut être transmis et reçus, d'une très longue distance et leur contenu ou la signification, ont généralement un grand degré de familiarité, quand reçu par le destinataire.

À un niveau quantique, chaque corps, plante, micro-organisme, et/ou d'objets dans l'univers, est composé de produits chimiques qui se décomposent à des particules électriques.
Mouvement des particules chargées électriques produisent des champs magnétiques et vice versa.

Les particules électriques sont soit chargés positivement ou négativement et sont constamment déplacer, constamment attirer ou repousser d'autres particules chargées électriques.

L'énergie électromagnétique des humains, les animaux, les micro-organismes et les objets, est interconnecté par chaque champ énergie vibrante. De même, les neurones des êtres sont reliés non seulement en interne, mais aussi extérieurement, à celle des autres réseaux de neurones.

Chaque atome attire des réactions chimiques, ou repousse un autre atome/s, selon le réseau électrique frais que chaque atome a.

Atomes portent différentes charges nettes. Certains atomes ont net électron/s (-ve) gratuitement et certains ont net proton/s (+ ve) frais. Les opposés seront attirent toujours.

Le degré d'attraction et de la répugnance, varie également en force ou faiblesse.

De même, sur une plus grande échelle, les champs électromagnétiques va attirer ou repousser des autres champs électromagnétiques, en fonction de la charge électrique nette que chaque champ électrique a.

Partout où il y a électricité, c'est à dire se déplaçant électrique des particules chargées, il y a aussi <u>toujours</u> les champs magnétiques produites, pour entourer ces particules chargées électriques.

Atomes et molécules constituent le fondement de
tout dans l'univers de. Donc il y a le fait d'attirer constant et le fait de repousser des mouvements, à un niveau quantique continuant.

Sur le plan visible, de même, il y a l'attraction et
répugnance survenant à tout moment, entre les
organes de l'homme, entre les humains et les animaux,
entre animaux et d'autres animaux, ainsi qu'entre les êtres
humains/animaux et objets. Ils se produisent à différents
niveaux et à des intensités différentes.

Est un exemple, quand deux entités attirent, nous
les décrire comme « compatible ». Lorsque la
deux repousser les uns les autres, évidemment elles
seraient considérée comme « incompatible ».

Chaque interaction entre des particules chargées
électriques dans l'univers est unique et ensemble émet des
fréquences différentes. **Fréquences** dépendent de variables
comme la **longueur d'onde** et de la **vitesse**.

Transmissions électromagnétiques prennent de nombreuses formes.
Parmi eux, se trouvent comme expliqué précédemment, les phénomènes, dont « prières », et un autre est « télépathie ».

Les êtres humains, animaux, micro-organismes, plantes, plans d'eau et les objets, sont tous influencés par le champ d'énergie électromagnétique de l'autre. Elles sont également influencées en grande partie par l'énergie électromagnétique cosmique champ/s.

CONCLUSION

Ma théorie suggère que Dieu est la somme de tous les cosmique forces et entités de l'univers, combinée avec les systèmes électrochimiques collectives qui composent les êtres humains, animaux, plantes, microorganismes, plans d'eau et les objets. En termes simples, Dieu est la somme de toutes les particules électriques, se produisant à une physique quantique et le niveau de chimie quantique, au sein de l'univers.

Par conséquent :

Dieu L'univers ULTIMATE n'est électriquement PARTICULE CHARGÉE. **Il est positif, il est négatif, Ou Il est neutre, quand en face de particules se combinent, chacun face portant un nombre égal d'une ou plusieurs charges.**

En cherchant la vérité sur Dieu, j'ai essayé d'être comme réaliste que possible, en examinant les nombreux faits en science, qui peut convaincante expliquer, la présence invisible de Dieu.

Dieu est l'ultime particule, une charge électrique
ou de particules dans l'univers et tous les êtres sont
le produit de l'electric de particules chargées. Donc,
si je crois en moi, c'est pourquoi je crois en Dieu.
Par ailleurs, si j'ai amour et le respect de moi-même,
j'ai par la suite amour et le respect de Dieu.
Grandeur de Dieu est notre grandeur !

J'espère que vous trouverez ma théorie scientifique sur Dieu intéressant et instructif.

* Semblable à beaucoup de théories scientifiques, malheureusement certains aspects dans ma théorie sont difficiles à prouver, et je l'accepte.

Mots-clés:
Eelectromagnetic force, Dieu, prières, univers, télépathie, subconscient, électrique chargé de particules, la physique quantique, les signaux électriques, chimie quantique, niveau subatomique, conscient, moléculaire, les humains.

Clause de non-responsabilité.

Biographie

En 1991, j'ai se spécialise dans la Science de l'Université
de Toronto.
Physique et chimie ont été surtout, mes sujets de
prédilection.

J'ai travaillé en microbiologie et en chimie, depuis environ
12 ans, dans les industries pharmaceutiques, cosmétiques et
produits de toilette.
J'ai participé à la recherche & développement, l'analyse et
les formulations de la grande variété de produits.

Je suis non conventionnel, mais en même temps j'aime les
choses droites, simple et sans complication.

J'ai tendance à analyser tout presque à mort. Bien sûr, cela a ses points positifs, mais peut avoir des négatifs aussi bien.

J'aime aider les gens. Je découvre des personnes, des choses et des situations, sous des angles différents et essayez de rester dans une position neutre.

Notre monde numérique actuel est un peu intimidant, mais est plutôt prometteur en même temps. Il est préférable d'exercer le juste équilibre dans nos vies.

* * *

SHEILA (SHULLA) BER

Le livre : **activité neurale potentielle dans la théorie de l'OS mort,** est maintenant en vente chez :

www.Amazon.com
www.Kobobooks.com
www.CreateSpace.com
www.Chapters.indigo.ca